天売島の自然観察ハンドブック

鳥と花の島

焼尻島の情報も入ってます!

寺沢孝毅 著

文一総合出版

花咲く天然の庭を歩く

　天売島も焼尻島も漁業中心の自然豊かな島だ。雪が消える4月早々にはキバナノアマナが開花し、5月のエゾエンゴサクやチシマエンレイソウの見ごろへと続く。ちょうどその頃、北の繁殖地へ移動する渡り鳥が多数羽を休める。ピークは5月初旬〜中旬で、ホオジロ類やヒタキ類が目立つほか、年によってマヒワやキクイタダキなどが大群で押し寄せる。到着したばかりの野鳥は、疲れからか人間への警戒が薄く、観察者は鳥への思いやりが試される。春の渡りは3〜6月前半にかけてで、種類や数は年によって変わる。2つの島は目と鼻の距離にあるが、見られる鳥の傾向が大きく違うこともあり、ここまで来たら両島を訪ねておきたい。

　6月はノゴマやコヨシキリ、ベニマシコなど、島で繁殖する小鳥が草原でさえずる。森やその周辺では、クロツグミやキビタキ、アリスイ、コムクドリなどが活発に動き回る。ユリ科の植物やランの仲間も見ごろを迎

天売島のチシマエンレイソウ群生地。
5月20日頃が見ごろだ

焼尻島イチイ原生林の地面を埋め尽くすエゾエンゴサク。花の香りが立ちこめるなか野鳥観察ができる

え、海辺や草原をエゾカンゾウやエゾスカシユリなどが彩りはじめる。草木の葉は生い茂り、森や草原の見通しは一気にきかなくなる。

7月には鳥たちの繁殖も終盤を迎え、さえずり声は徐々に減っていく。そんな中、ツリガネニンジンやタチギボウシ、ヤナギラン、トウゲブキなど夏の花が原野に咲きはじめる。

8月に入ると小鳥類は目立たなくなり、ススキの穂が出そろうなか、エゾカワラナデシコが道端でピンクの花を咲かせる。盛りとなる夏の花と相まって、海と空の澄んだ青が絶景をつくり出す。9月には鳴き交わすキリギリスの声が響き、秋らしさが一気に深まる。遅くとも11月には初雪を迎え、季節は冬へと移ろう。

　海鳥の集団繁殖地である天売島には、2月末からウミネコやウトウなどの繁殖する海鳥が姿を見せる。島の西側の海に面した断崖で、多くの海鳥が本格的な繁殖に入るのは5月で、ヒナが巣立つ7月後半まで、海鳥と断崖の壮観な眺めが楽しめる。8月に入ると、ほとんどの海鳥が繁殖を終え、その姿や声は少なくなる。

天売島　海鳥の繁殖スケジュール

	1月	2月	3月	4月	5月	6月	7月	8月	9月	10月	11月	12月
ウミウ		観察			抱卵		育雛			観察		
ヒメウ												
オオセグロカモメ												
ウミネコ												
ウミガラス												
ケイマフリ												
ウミスズメ				?	?							
ウトウ												

ウミスズメの繁殖生態は不明点が多く、よくわかっていない。

この表はおおまかな目安であり、その年の状況によって変わる。

ウミガラス
Common Guillemot
43cm

天売島で繁殖する海鳥

天売島では8種類の海鳥が繁殖し、断崖やその上部の草地を棲み分けている。繁殖期は3〜7月で、観察にもおすすめの時期だ。

絶滅が危惧され、デコイ（鳥模型）や鳴き声を流すことで誘致が試みられている。本物は円内の2羽だけだ

赤岩周辺の岩場に、ペンギンのように直立姿勢で立つ

細かく羽ばたきながら、繁殖地の近くを
直線的に飛ぶ。普通は水面近くを飛ぶ

海上に浮かんでいても白と黒がくっきり
見える。短い水面移動の際は、オールを
こぐように翼を使うことがある

ケイマフリ
Spectacled Guillemot

37cm

早朝を中心に、岩上や海上で「ピピピ……」と鳴き交わし求愛する。口のなかも足と同じ赤色

5〜7月上旬まで沿岸で普通に見られる。数羽から十数羽で浮かんだ群れは、同じタイミングで潜水をくり返す

細かく羽ばたき直線的に飛ぶ。巣のある岩の
すき間へ魚を運ぶとき、魚を狙って追ってく
るウミネコを何度も旋回してかわす

ウミスズメ
Ancient Murrelet
25.5cm

海鳥繁殖地のある断崖側より、人家がある海岸線から
数百m沖合でよく見られる。波が静かだと見つけやすい

ウトウ
Rhinoceros Auklet

37.5cm

天売島最多の海鳥で、1997年の調査で30万つがいの繁殖が確認された。その後、繁殖地は拡大している

繁殖地への帰巣のとき以外は、海面すれすれを直線的に飛ぶ。大抵、群れで行動し、餌場までの数十kmを移動する

イカナゴ（幼魚）を捕らえた。集団潜水により塊状に
追い込んだ魚群を浮上させ、くちばしで一気に挟み込む

繁殖地の崖下の海に集まったウトウが、帰巣のために飛翔を開始した

ウミウ
Temminck's Cormorant

84cm

飛び立つときは、大きな羽ばたきと海面滑走が必要

10 枯れ枝などを組んで尾根や岩棚に大きな巣を作る

4羽のヒナが育つ巣。赤岩周辺などで局地的に繁殖し、その数は少ない。ウミウは、ヒナの成長とともに巣が崩れるが、ヒメウは原形をとどめる

ウミウより細身。垂直に近い崖の狭い棚に、細い巣材で緻密な巣を作る

ヒメウ
Pelagic Cormorant

73cm

断崖の上の草地、
海岸線付近で繁殖する

ウミネコ
Black-tailed Gull

46.5cm

⑫ 巣立ちヒナに海鳥の死肉を与える親鳥。オオセグロカモメは、
海岸の岩場や岬の突端などで繁殖し、8月末までヒナを育てる

ウトウが集めたイカナゴに群がるウミネコを主体としたカモメ類。潜水ができないので、ダイビングで魚を捕らえる

オオセグロカモメ
Staty-backed Gull

61cm

海面すれすれの岩についたキタムラサキウニを食べる。トゲがついたまま丸呑みした

赤岩展望台

4〜7月	ウトウの群飛
5〜7月	ケイマフリの繁殖
5〜8月	ウミガラスの繁殖

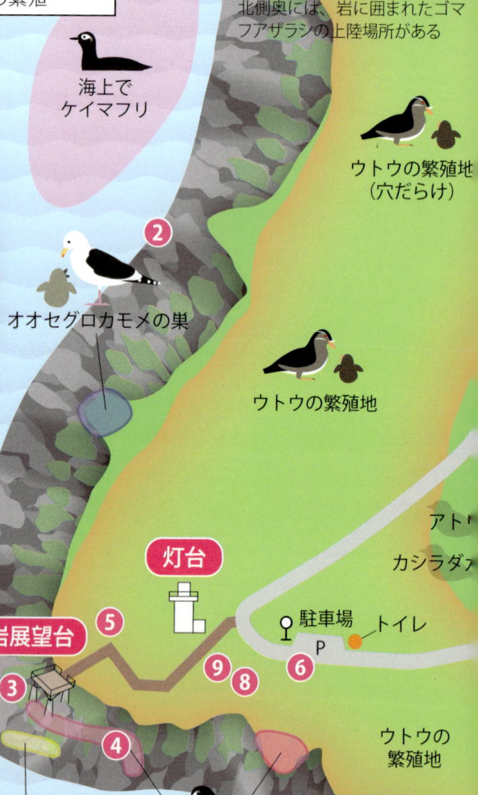

① ゴマフアザラシの上陸地

北側奥には、岩に囲まれたゴマフアザラシの上陸場所がある

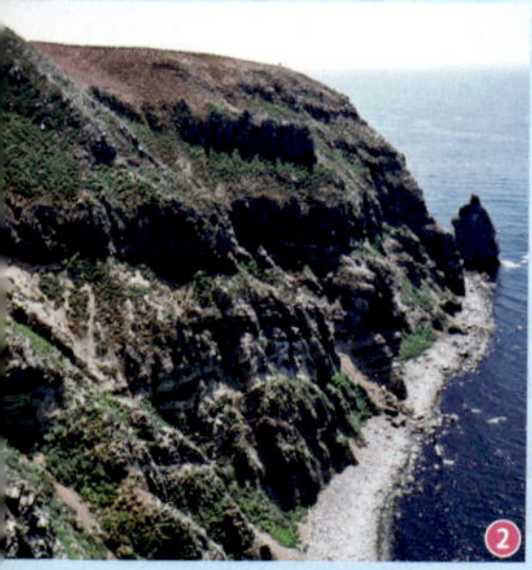

海上でケイマフリ

ウトウの繁殖地（穴だらけ）

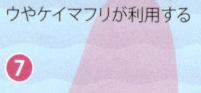

断崖の土のある場所にはウトウの巣穴がある。岩場はウミウやケイマフリが利用する

② オオセグロカモメの巣

ウトウの繁殖地

⑦ 海上でケイマフリ

灯台

アト
カシラダ

駐車場　トイレ

赤岩展望台　⑤
③　　　　⑨⑧　⑥

赤岩

ウミガラスの誘致場所

④ ケイマフリの繁殖

ウトウの繁殖地

高さ48mの赤岩。ウミウやヒメウ、時にはハヤブサも止まる

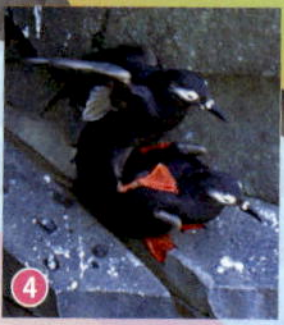

海上でケイマフリ

交尾するケイマフリ

海上でウミガラス

※ウトウは、時期により海面に多数浮かぶことがある。

マヒワ

ノゴマ

❺ 夕暮れの中、帰巣するウトウの群れ

ウトウ保護のため、観察時刻や車両の乗り入れ制限が行われる
❻

赤岩周辺海上に浮かぶウトウ。初夏の海が静かな日に見られる光景だ
❼

ウトウの死骸をつつくオオセグロカモメ
❽

滝の沢

午後7時過ぎ、ウトウ観察のバスが到着した
❾

　赤岩展望台は、夜7時過ぎからがお勧めのウトウ・ウォッチングの拠点。海を望む展望台からは帰巣シーンが、駐車場付近では地面を歩く姿が見やすい。

　ケイマフリは、午前10時ごろまで、断崖と海との間を活発に行き来する。岩のすき間に巣があり、展望台の通路で耳を澄ますと「ピッピッピッ…」という澄んだ声もときどき聞こえる。そのときは巣の入り口で鳴き合うつがいを発見できるかもしれない。また、断崖の下の海にもケイマフリが浮かぶが、小さい黒い点にしか見えないので要注意。

　6〜7月初めには、沿岸に浮かぶウトウも多い。海面で羽ばたいたとき、腹部が白いのでウミガラスと間違えやすい。ウミガラスは午後3時前後に観察されることが多く、ウトウより白黒のツートンカラーがくっきり見える。デコイと鳴き声によるウミガラス誘致場所が展望台のすぐ下で、この場所からが見られる確率が高い。

海鳥観察舎

4〜7月	ウミウの繁殖
5〜7月	夏鳥
5〜9月	花

① 右下の海から突き出た三角の奇岩はカブト岩で、ケイマフリが繁殖している

② 岬の先にある海鳥観察舎。屋内には無料で利用できる望遠鏡がある

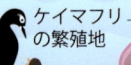
海鳥観察舎

ケイマフリの繁殖地

屏風岩

ウトウの繁殖地

ウトウの繁殖地

ノゴマ
ノゴマ
花
シマセンニュウ
カワラヒワ

③ 海鳥観察舎からは、断崖絶壁の景観と遥かなる海を眺望できる

ウトウの繁殖地

道端に咲く夏の花

キンミズヒキ 　　　タチギボウシ 　　　ツリガネニンジン

④ 巨大なセリ科のエゾニュウの上にとまるシマセンニュウ

⑤ 海岸線からせり立つ断崖ではウミネコが乱舞し、斜面には無数のウトウの巣穴が開く

右手の絶壁には、ウミウが繁殖する岩棚がある。糞で白く汚れた場所が目印だ

　駐車場から海鳥観察舎まで歩いて行く途中では、ノゴマやコヨシキリのほか、シマセンニュウも高い確率で観察することができる。通路脇ではエゾカンゾウやタチギボウシ、オドリコソウ、キンミズヒキ、ツリガネニンジンなどの植物も見られる。また、足元や周囲の斜面には多数のウトウの巣穴が見られ、世界最大の繁殖地ということに納得できるだろう。
　海鳥観察舎では、海に向かって右側の絶壁の岩棚でウミウが繁殖する。ヒメウも繁殖するが、数は少なく見つけるのは難しい。また、断崖上部の草の生えた岬では、オオセグロカモメが繁殖し、6〜8月にかけてヒナを見ることができる。

観音岬

| 5〜7月 | ウミネコの繁殖・夏鳥 |

　天売島最大級ウミネコのコロニーがあったが、繁殖は年により不安定で、まったく見られないこともある。しかし、海鳥繁殖地の断崖を一望できる絶景ポイントには違いない。周辺では、ノゴマやコヨシキリなどがさえずり、ハヤブサが見られることもある。

観音岬からは海鳥の繁殖地を見渡せる

望遠鏡で観察すると、卵やヒナの様子を見ることができる

断崖の裂け目で繁殖するアマツバメ

飛翔するアカアシカツオドリの若い個体。コグンカンドリの記録もあり、洋上の島なので何が出るかわからない

夏から秋に見られる花

ミヤマアキノキリンソウ

ヤマハハコ

地図内ラベル：
- ウミネコの繁殖地
- オオジシギ
- ラン
- ノゴマ
- カシラダカ
- アマツバメ
- 観音岬
- P 駐車場
- 花
- ツメナガホオジロ
- ③
- アマツバメ
- コヨシキリ
- ノビタキ
- ウトウの繁殖地
- ノゴマ
- ベニマシコ
- エゾカワラナデシコ（夏〜秋）
- オオジシギ
- 道路際に断崖が迫る場所からは、ウミウの繁殖地を一望することができる
- ウミネコの繁殖地
- ④ ウミウの観察ポイント
- ⑤
- ②
- ウミネコの繁殖地
- ①
- ノゴマ
- オオルリ
- キビタキ
- ツグミ
- ④
- 夏の丘を彩るトウゲブキ

ウミウの繁殖地

| 4〜7月 | ウミウの繁殖 |

　海鳥繁殖地の崖際を通る道路脇から、ウミウが繁殖する尾根が見えるポイント。海鳥観察舎より間近に観察できる。粘り強く観察すれば、卵やヒナも見ることができるだろう。6月以降は、親鳥と間違えるほど成長したヒナの姿が見られる。道路脇の雑草が伸びると見落としがちなポイントなので要注意。付近ではウミネコが繁殖することもあるが不安定だ。

天売港
（てうりこう）

灯台

ゴメ岬

ゴマフアザラシ
ウトウ
ケイマフリ

| 5月初旬 | ツバメ類（ニシイワツバメやヒマラヤアナツバメも） |

❶ ヒマラヤアナツバメ

ウミスズメ

❹ オオメダイチドリなどチドリ類は5月の記録が多い

天売灯台

灯台

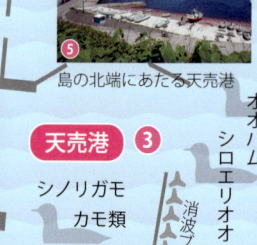
❺ 島の北端にあたる天売港

❷ ハシジロアビ冬羽

天売港 ❸

シノリガモ
カモ類

オオハム
シロエリオオハム
消波ブロック

❸ コガモの群れに混じるシマアジ

滝 ❶ ❹
❺

ロンババの浜
浜辺コハ

愛鳥公園

海の宇宙館

　港内には、島で繁殖するウミウやヒメウ、オオセグロカモメ、ウミネコが普通に見られる。そのほか、カモ類やシギ・チドリ類の記録も多い。また、港の後背地には小さな滝があり、5月初旬には多数のツバメ類が飛び交う。冬期は、シノリガモやウミアイサ、シロカモメ、ワシカモメも観察できる。

前浜漁港(まえはまぎょこう)

| 5月初旬 | シギやカモ類 |

　港内で見られる鳥は天売港と似るが、この場所のいちばんの特徴は、雨が降った後に船揚場周辺にできる水たまりに集まるシギ・チドリ類とカモ類などだ。また、周辺の荒れ地では、ホオジロ類なども観察できる。港外の消波ブロックには、ウミウとヒメウが多数、とまっている。海が穏やかな日は、ウミスズメが見られることもある。

ロンババの浜　シロエリオオハム
浜辺コース
オオハム
ウミスズメ

シノリガモ
ウミアイサ
ウミウ　ヒメウ

⑥ 地面に降りて休息するクロハラアジサシ

⑥ セイタカシギ

⑥ アメリカコハクチョウ

⑨ 磯で採食するハシビロガモ、コガモ、ヒドリガモ

海龍寺

高校

⑥ ▲エサを探す2羽のハマヒバリ

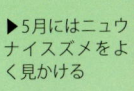
▶5月にはニュウナイスズメをよく見かける ⑦

ウミウ
ヒメウ
消波ブロック

⑦
⑧
水たまり
⑥

⑨ 前浜漁港

⑧ 雨上がりの前浜漁港。左側の水たまりに鳥たちが集う

カモ類

ウトウ
ウミスズメ

天売島フットパス

モデルコース❶

野鳥情報を入手できる「海の宇宙館」を起点に、刈り込まれた芝地や森、原野などを経て、厳島神社に至る約3kmのコース。環境の変化に富むため、さまざまな野鳥と出会える。鳥の出方にもよるが、2～3時間はみておこう。

❸ フットパス入口

❹ ヤナギやカラマツの林を抜けると道路にぶつかる

❺ T字路を左に曲がると原野が開ける

❻ 森らしい雰囲気になってくる

❼ 左に折れ、カラマツとトドマツの薄暗い森へ

❽ 見覚えのある交差点を右に

天売島フットパス
モデルコース❷

富磯地区の町営住宅が起点と終点の森が中心のコース。沢に架かった橋を渡ったりと、特に早朝にすがすがしいコースで、4月末から5月初めは、ミズバショウの美しい景観を楽しむことができる。

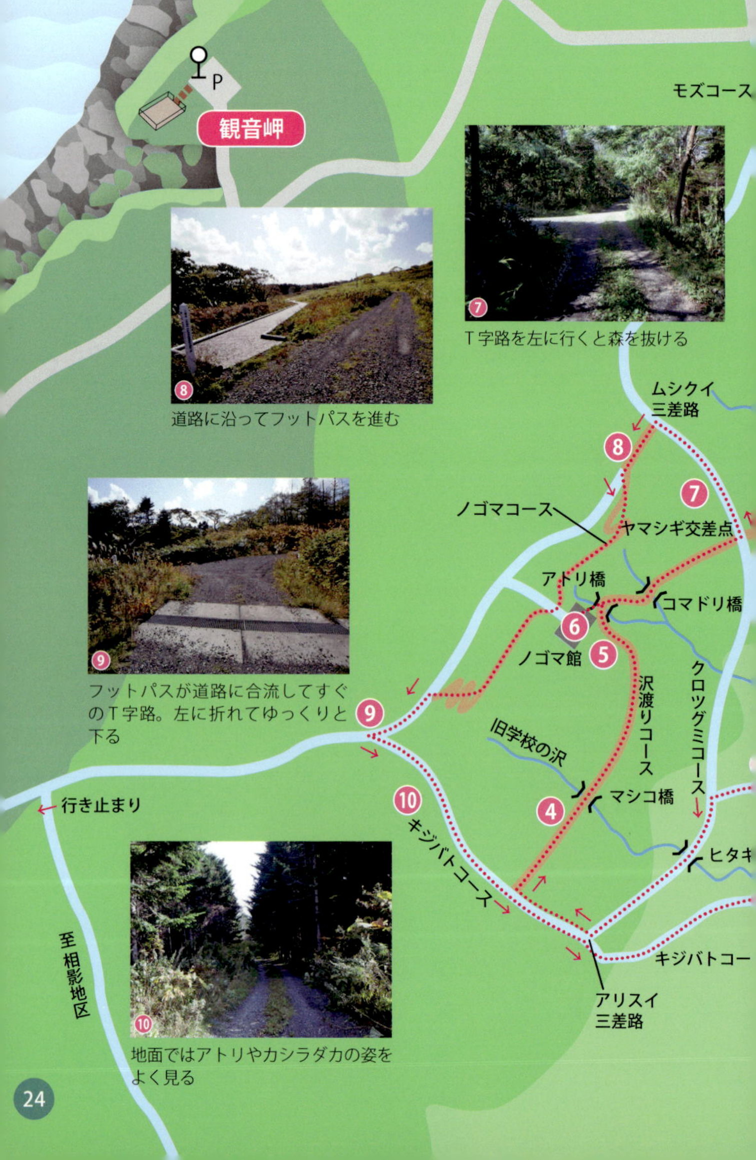

観音岬

モズコース

❼ T字路を左に行くと森を抜ける

❽ 道路に沿ってフットパスを進む

ムシクイ三差路
ノゴマコース
ヤマシギ交差点
アドリ橋
コマドリ橋
ノゴマ館
沢渡りコース
クロツグミコース
旧学校の沢
マシコ橋
ヒタキ
キジバトコース
アリスイ三差路

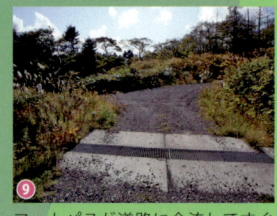
❾ フットパスが道路に合流してすぐのT字路。左に折れてゆっくりと下る

← 行き止まり
至 相影地区

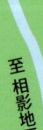

❿ 地面ではアトリやカシラダカの姿をよく見る

トラフコース

⑥ ノゴマ館でトイレ休憩をしよう

⑤ ミズバショウが密生する沢。周辺ではコマドリの声がよく聞かれる

アオジ三差路

ラマッコース

④ 橋の周辺はコサメビタキやエゾビタキ、オオマシコのポイントだ

コルリコース

③ 突き当たりを左へ。沢沿いにはマミジロキビタキやムギマキなど

クロユリ群生地

クロユリ橋

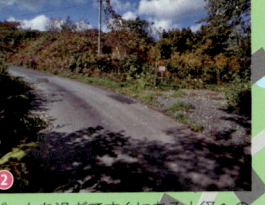
② ゲートを過ぎてすぐにある小径への入り口。沢を渡って急坂を登る

発電所の沢

和浦

修善寺の沢

天売小中学校

天売島国設鳥獣保護区管理棟

町営住宅

郵便局

① スタート
② ゴール

営住宅
丁営住宅

富磯

前浜

前浜漁港

① 外周道路から見た町営住宅入り口

25

その他の観察ポイント

海上ボートウォッチング

海上から海鳥を見る小型ボートがある。海から見る断崖絶壁は格別だ。ケイマフリやウミガラスなどの観察に最適！

小型ボートから海鳥を観察・撮影する

枯れ枝に止まるオオジシギ

海に浮かぶ6羽のウミガラス。ボートからでなければ見られない光景だ

トラフズクの巣立ちビナ

天売島では毎年数羽が見られるヤツガシラ

墓地周辺の電線にとまったブッポウソウ

民家の裏にある畑に飛来したナベヅル

黒崎海岸（くろさきかいがん）

人家が途切れた海岸の岩に、ウミウやヒメウがずらりと並ぶ。付近の荒れ地ではツバメチドリが見られたり、草原では5月下旬からはコヨシキリがさえずる。夕方は、赤岩方面へ飛翔するウトウの群れが沿岸で見られる。

道路脇から海を眺めるとウミウとヒメウが休む岩が目につく

地面で羽を休めるツバメチドリ

浜辺コース

天売港から始まるフットパス浜辺コースでは、カワラヒワやベニマシコ、アトリ、マヒワ、コムクドリ、イソヒヨドリなどが見られる。海側では、ウミウやヒメウ、ウミスズメが普通だ。

クサシギ

アカマシコ♀

ワシカモメの残留組

カナダヅル若鳥

厳島神社・海龍寺
（いつくしまじんじゃ・かいりゅうじ）

地上でエサをついばむアトリやカシラダカ、木の梢を移動するオオルリやキビタキ、コサメビタキ、薮や薄暗い地上に潜むアカハラやマミチャジナイなど多様な鳥がいる。日本初記録のコウテンシもこの場所だ。神社脇の小さな水場にはクサシギ、木々の花にはメジロやコムクドリ、ウソなどが飛来する。

ホオアカ

オジロビタキ♀

春と秋の渡りのピーク時にはいたるところで見られるキクイタダキ

エゾビタキ

天売小中学校周辺

アオサギ、ダイサギ、チュウサギが羽を休める学校裏

4月末〜5月初めにはヘラサギの記録もある

学校の裏手にある小さな池でオシドリが見られるほか、サギ類が周辺の広場に降りる。草地ではムナグロなども観察される。

焼尻島

4〜5月	渡り鳥
5月初旬	エゾエンゴサクや エゾイチゲの見ごろ

ニシン漁で栄えた当時の生活を展示した「羽幌町焼尻郷土館」

　焼尻港内でセイタカシギなどをチェックしたら、原生林を目指そう。途中の人家の軒下、庭や畑などにもオオルリがいたり、小さな池でサギ類が餌探しに夢中だったりする。

　原生林の入り口は、役場焼尻支所の脇。奇怪な形のイチイ（地元ではオンコと呼ぶ）、ミズナラの天然の日本庭園にヒタキ類やツグミ類などが羽を休める。雲雀ヶ丘公園などの水場では、じっくり待つと入れ替わり鳥が現れる。オンコの荘と呼ばれる地を這うイチイの頂上にノゴマがとまり、喉を真っ赤にふくらませてさえずる。林内の花は早春から晩夏まで楽しめる。

西浦漁港

5.0km（90分）
ヘリポート
4.5km（60分）
鷹の巣園地（WC）
3.0km（40分）

焼尻島の南側海岸。奥に見えるのは天売島

「オンコの荘」と呼ばれる背の低いイチイの中には20人も入ることができる

② 住宅地にある小さな池には、サギ類が降りることもある

③ 原生林へと通じる街中の坂道には独特の風情がある

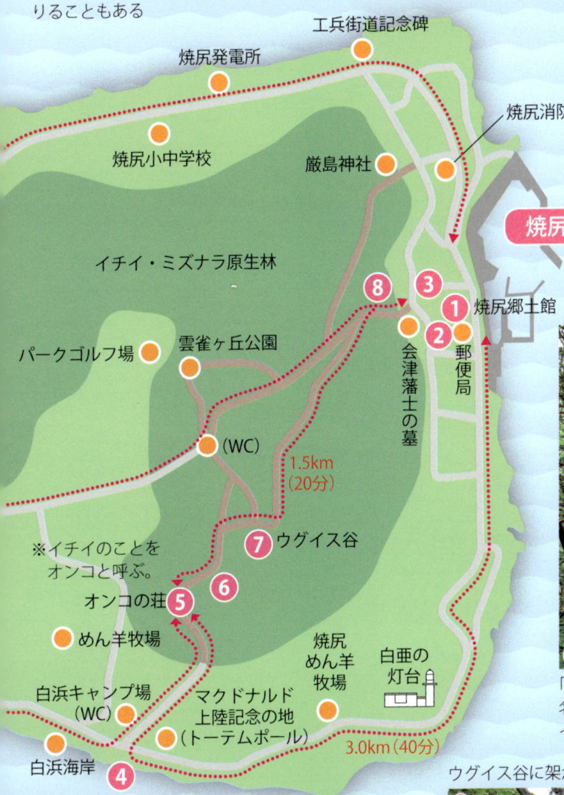

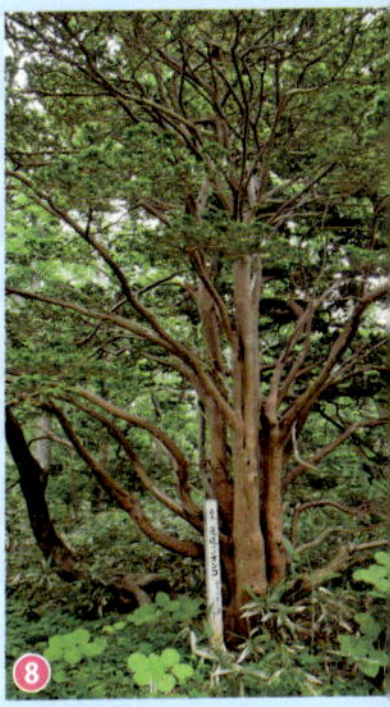

焼尻発電所
工兵街道記念碑
焼尻小中学校
厳島神社
焼尻消防署
焼尻港
イチイ・ミズナラ原生林
焼尻郷土館
パークゴルフ場
雲雀ヶ丘公園
郵便局
会津藩士の墓
(WC)
1.5km
(20分)
※イチイのことを
オンコと呼ぶ。
⑦ ウグイス谷
オンコの荘
めん羊牧場
焼尻めん羊牧場
白浜キャンプ場
(WC)
マクドナルド
上陸記念の地
(トーテムポール)
白亜の灯台
白浜海岸
3.0km(40分)

⑧「見返りオンコ」と名づけられたイチイの奇木

⑦ ウグイス谷に架かる橋

⑥「天狗の腰かけ」と呼ばれるミズナラの奇木

| 図鑑ページの特徴 | 図鑑ページには、天売島・焼尻島で観察できる野鳥102種と、植物30種を収録した。野鳥は、すべて天売島内で撮影したもので、春の渡りの時期に観察される種を中心に選び、見られる環境や大きさ、観察時期を掲載。観察の参考になるように詳しい撮影場所も記した。 |

❶種名（一部は亜種名）
❷英名（植物は学名）
❸見られる環境

沿岸：岸からおおむね100mぐらいまでの近い海
浜辺：波打ち際を含む海に面した陸地
航路：フェリー上から見られる海上や岸から離れた沖
水場：淡水の池、沢地、水たまりなど
草地：伸びた芝生ぐらいまでの背の低い草原
原野：イタドリが生えるなどある程度草丈のある開けた草原
荒れ地：土が露出したり雑草が生えた灌木があるなどの開けた場所
森　：高さ10m以上の樹木がある程度かたまった内陸部
雑木林：人家周辺にある小さな森
林縁：森の端
畑　：人家周辺の家庭菜園
薮　：ササやイタドリなどの茂みのなか
断崖：海に面した岩場の崖
全域：島内のすべての環境

❹大きさ
❺見られる時期・花の咲く時期
❻撮影場所（FPはフットパスの略）

オオハム
Black-throated Diver

沿岸・航路 72cm 12〜5月

屏風岩

冬鳥として沿岸や沖合海上に渡来し、5月には写真のような夏羽が見られる。よく似たシロエリオオハムよりくちばしが長く、水面に浮かんでいるときに脇の白色が目立つ。図鑑に描かれているような喉の下の緑色光沢は、野外で確認することは難しい。

シロエリオオハム
Pacific Diver

沿岸・航路 65cm 12〜5月

前浜漁港

冬鳥として沿岸や沖合海上に渡来し、航路上でもよく目にする。5月には写真のような夏羽も見られる。渡来数が多い年は、天売港から前浜漁港にかけての沿岸や、港内でも普通に見られる。浮かんでいるときに脇の白色はあまり見えない。

※冬鳥：冬を通して天売島・焼尻島で観察され、春には他の地域に渡って見られなくなる野鳥。

ゴイサギ
Black-crowned Night Heron

水場 57.5cm 4〜5月

愛鳥公園の沢

愛鳥公園の沢

春には成鳥（写真左）や亜成鳥（写真右）が観察できるほか、8月には幼鳥が見られることもある。沢や池などの水場でよく見られる。かなり暗くなってから、「クアッ」などと鳴きながら数羽で飛ぶシルエットを見ることがある。

アカガシラサギ
Chinese Pond Heron

水場・草地・荒れ地 45cm 5〜6月

頭と首が赤茶色の夏羽を見ることが多い。池やその近くの茂みのなか、木の枝などにとまる。開けた草原に降りて餌を探すことがある。1985年に1羽が衰弱死してから一時、飛来が途絶えたが、1999年から再び観察されている。5月中旬以降の観察例が多く、年によっては複数が飛来する。似ている他のサギ類より小さく、はっきりしたツートンカラーであることから識別は容易だ。

パークゴルフ場

アマサギ
Cattle Egret

[草地・荒れ地]

[50.5cm] [4〜5月]

コサギより小さく、くちばしは黄色い。夏羽では頭部や首、背に橙黄色の飾り羽が現れる。開けた草原や荒れ地で見られ、学校の校庭やパークゴルフ場などが観察ポイントだ。

天売小中学校

ダイサギ
Great Egret

[水場・草地・荒れ地]

[90cm]

[5月]

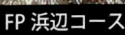
FP 浜辺コース

アオサギと同じ大きさの巨大なサギ類。主に飛来する夏羽では、目先は緑青色でくちばしは黒色、背からは飾り羽が伸びる。冬羽はくちばしが黄色い。黒い足が基部に近づくほど淡い黒色になるのは、白いサギ類のなかではダイサギだけの特徴だ。

チュウサギ
Intermediate Egret

[水場・草地・荒れ地]

[68.5cm] [4〜5月]

海の宇宙館

夏羽では、目先が黄色でくちばしは黒色、背からは飾り羽が伸びる。写真のように、冬羽の特徴であるくちばしの黄色を残したままの個体も見られる。チュウサギよりひと回り小さいコサギは、足指が黄色く、カラシラサギもこの点は同じ。

シノリガモ
Harlequin Duck

沿岸　42cm　1〜12月

天売港

もっとも目にする機会の多い海ガモ。年中見られるが、6〜9月は少なく若鳥が目立つ。天売港内でも5月初めまでなら普通に観察できる。フットパスの浜辺コースや黒崎海岸などもポイントだ。オスは美しいが、メスは全体が黒く顔に3個の白い点がある。

ウミアイサ
Red-breasted Merganser

沿岸　55cm　10〜5月

冬鳥として渡来する。海が荒れたときなどは港内に入るが、シノリガモより少ない。細長いくちばしや目は赤味を帯び、オス（写真上）の黒っぽい緑色の後頭部には冠羽がある。首回りは白く、体が長い印象を受ける。メス（写真下）は、形はオスと同じだか色は地味。沿岸では、潜水をくり返して海底の餌を捕る様子が見られる。フットパスの浜辺コースや黒崎海岸などで観察できる。

ロンババの浜

ロンババの浜

オジロワシ
White-tailed Sea Eagle

全域　♂80 ♀95cm　1〜12月

観音岬

主に冬鳥として渡来し、夏期も残る個体がいる。海岸沿いに飛ぶことが多く、休むときは内陸の樹木を利用する。漂着した動物の死骸を食べたり、カモメ類を追いかけて捕らえようとする。カモメ類が一斉に舞うとき、オジロワシが近くにいることがある。

ハヤブサ
Peregrine Falcon

沿岸・断崖・雑木林　♂38 ♀51cm　1〜12月

屏風岩

留鳥として一年中見られ、天売島の断崖では3つがいほどが繁殖する。特に春から夏にかけての繁殖期は、「キーキーキー……」という警戒声をよく聞く。飛びながら鳴くこともあり、小刻みな浅い羽ばたきと滑空をくり返して飛ぶ。上から急降下して、海面すれすれを飛ぶハクセキレイを足で捕らえる場面を見たことがある。

※留鳥：冬になっても移動せず、天売島・焼尻島で一年を通して観察でき、繁殖している野鳥。

ムナグロ
Pacific Golden Plover

草地 | 24cm | 5月

天売小中学校の敷地内の同じ草地で、1週間続けて単独で観察された。写真の個体は喉が完全に黒くなく、夏羽になりきる前とみられる。「キビョッ、キビッ」などと鳴く。ムナグロは背などの上面に黄色味を帯びるが、よく似たダイゼンにはないことで区別できる。

天売小中学校

タゲリ
Northern Lapwing

荒れ地・草地 | 31.5cm | 3〜4月・11月

雪が降るような寒い時期に渡来し、複数が見られることもある。開けた地面を歩きながら、ミミズなどを草蔭からついばむ姿が見られる。餌の捕りやすい場所に執着し、数日間、同じ場所で観察される傾向にある。「ミュー」という奇妙な声で鳴き、飛ぶときは広めの翼でふわりふわりと羽ばたく。

相影地区道路脇

トウネン
Red-necked Stint

水場・浜辺　15cm　5月

小型のシギで、前浜漁港の水たまりなどで観察される。くちばしと足が黒く、夏羽では顔から首にかけて赤褐色を帯びる。あまり人を恐れず、せわしなく歩き回りながら、泥や水たまりをついばんで動物質の餌をとる。チリ、チリリとかチュル、チュルなどと鳴く。

前浜漁港

ヒバリシギ
Long-toed Stint

水場・荒れ地　14.5cm　5月

前浜漁港

見落としそうなほど小さなシギ類。雨が降ったあとに前浜漁港にできる水たまりでよく観察され、トウネンなど他のシギ類といっしょに5月に見られることがある。くちばしは黒く足は黄色で、背にV字の線が見える。「プリリ、プリリ」と鳴く。

天売島の野鳥

クサシギ
Green Sandpiper

水場 | 24cm | 4〜5月

樹木や薮に囲まれた水場に単独でひっそりいることが多い。眉斑が目の周りの白色とつながって終わる。体の上面や翼の裏が黒い。「チュイリー、チュイイ、チュイチュイ」などと澄んだ声で鳴く。足は黒緑色。ときどき尾を上下に振る。

厳島神社

タカブシギ
Wood Sandpiper

水場・海岸・草地 | 21.5cm | 4〜5月、9月

わりと開けた水場で見られることが多く、数羽でいることもある。クサシギより眉斑は長く、上面の白斑が目立つ。浅い水場を活発に歩きながら餌を捕る。「ピョッピョッ、ピッピッピッ」などと鳴く。足は緑色の入った黄色。

前浜漁港

キアシシギ
Grey-tailed Tattler

海岸・水場 | 25cm | 5月、8〜9月

海岸の磯で目にすることが多い。写真は翼に淡い白斑が出ていることから幼鳥。成鳥夏羽では、頬から胸や脇にかけて黒い横斑があり、冬羽ではそれがなくなり幼鳥に似る。暗くなっても「ピュイー、ピュイー」とよく通る声を聞く。その名の通り足は黄色。

和浦地区の海岸

ヤマシギ
Eurasian Woodcock

森・薮 / 34cm / 4〜11月

森のなかを歩いていると、足元から突然飛び立って驚くことがある。6〜7月の夕暮れから夜にかけて、上空を飛びながら「チキッ、チキッ、ブー、ブー」と鳴くことがある。後頭の焦茶色の模様が特徴。天売島で繁殖している。

FP 沢渡りコース

タシギ
Common Snipe

水場・荒れ地 / 27cm / 4〜5月

くちばしが細くて長く、背の黄白色部が明瞭な線になって見える。模様や色が枯れ草にそっくりで、地面にじっとしていると見つけられないほどだ。飛び立つと同時に「ジェッ」と濁った声を出す。飛翔はオオジシギなどより軽やかだ。

前浜漁港

オオジシギ
Latham's Snipe

草地・荒れ地 / 30cm / 4〜8月

草原で繁殖する。5〜6月には上空で輪を描きながら「ジッジー、ジジー、ズビーヤク、ズビヤク」と徐々に急テンポになる声を響かせ、急降下して尾羽で音を立てるディスプレイフライトを見る。草原の灌木にとまって鳴く姿も同時期に見る。

FP アオジ三差路

天売島の野鳥

セイタカシギ
Black-winged Stilt

海辺・水場 / 32cm / 5〜6月

港内の船揚場の海辺、海岸の磯、淡水の水辺で観察できる。複数が飛来することもあり、それほど珍しくない。くちばしが針のように細長く、足がとても長いので、他種と見間違えることはない。写真はオスで、メスの頭部は白い。

前浜漁港

アカエリヒレアシシギ
Red-necked Phalarope

航路・沿岸 / 19cm / 5〜6月

天売島〜焼尻島の海峡

5月中旬以降に、年によっては大群で海上に渡来する。フェリーの航路上からが見やすい。沖合の群れを岸から見ると、黒い小さな点の塊が海上で動いているように見える。沿岸に寄ることもあり、海面のプランクトンを浮かびながらせわしなくついばむ。

シロフクロウ
Snowy Owl

[荒れ地・草地] [60cm] [12〜3月]

冬鳥として渡来するが、見られない年のほうが多い。断崖沿いの小高い丘の上などで観察でき、同時に3羽が見られた冬もある。また、衰弱した個体が保護されたこともある。回収したペリットにネズミの毛や骨があった。白くて大きなフクロウなので、見間違えることはない。写真はメスで、オスは黒斑が少なく全身がより白っぽい。

観音岬

トラフズク
Northern Long-eared Owl

[森] [35〜40cm] [5〜8月]

滝の沢上流

FP コルリコース

夏鳥として渡来し、天売島で繁殖する唯一のフクロウ類。カラスの古巣を使って樹上で繁殖しているが、地上で6羽のヒナを育てた記録もある。写真左は体を大きく見せて威嚇している姿で、写真右は体を細くして木に擬態している様子。目は橙色に見える。

※夏鳥：天売島・焼尻島で春から夏のあいだに繁殖し、冬は他の地域に渡って見られなくなる野鳥。

天売島の野鳥

天売島の野鳥

ブッポウソウ
Dollarbird

[林縁] [29.5cm] [5〜6月]

墓地

内陸地の森とその周辺で、枝や電線にとまる姿が観察されている。赤いくちばしがまず目に飛び込んでくるが、全身の青緑色や足の赤色が美しい鳥だ。体の割に長めの翼をしなやかに使って、飛んでいる虫などを追いかけて器用に捕らえる。

ヒマラヤアナツバメ
Himalayan Swiftlet

[水場] [13cm] [5月]

天売港

5月初旬、天売港近くの滝周辺をツバメに混じって飛んでいる姿が観察された。アマツバメ（全長20cm）に比べるとかなり小さく、ヒメアマツバメと同じ大きさ。下面はくすんだ灰色。腰の白色もくすんでいて、背の色との境界が不明瞭だ。

ニシイワツバメ
Northern House Martin

[荒れ地] [14.5cm] [5月]

海の宇宙館

5月初旬、ツバメやイワツバメに混じって、天売港およびその周辺を大きく旋回しながら空中で餌を捕らえていた。イワツバメよりも明らかに腰の白い範囲が大きく、光の加減によって背に青味が入る。観察記録は少なくない。

ヤマショウビン
Black-capped Kingfisher

林縁・荒れ地 / 28cm / 5月

林縁の枝や電柱・電線などにとまって、地上のカエルなどを狙う姿が見られる。太くて赤いくちばしが印象的で、背や尾の紺色、腹の橙黄色が美しい。飛ぶと翼の白斑がよく目立つ。一方、同じ時期に渡来するカワセミは、海辺や池などの水辺以外ではほとんど観察されない。

富磯地区の寺

ヤツガシラ
Hoopoe

草地・荒れ地 / 26cm / 3～8月

相影地区の路肩

早いときには、雪がとけて地表が見え始めると姿を現す。4月をピークに数羽が島を経由するとみられ、夏にも観察されることがある。背丈の低い草地に降りて、下に湾曲したくちばしを地面にさし込み、小さな虫などを食べる。ふわふわした感じで飛ぶ。

天売島の野鳥

アリスイ
Eurasian Wryneck

(森・雑木林) (17.5cm) (4〜9月)

夏鳥として渡来し、木の洞などで繁殖するキツツキの仲間。人家周辺の小さな森から、内陸部の森まで生息する。どちらかというと明るい森でよく見られ、「キッキッキッキッ……」とよく通る声で鳴く。長い舌を使って、地上や古木のアリの巣から卵や成虫を食べる。

FP キジバトコース

アカゲラ
Great Spotted Woodpecker

(森・雑木林) (23.5cm) (1〜12月)

FP 沢渡りコース

一年中見られる留鳥。木の幹に縦にとまるなどし、つついて虫を捕るほか、枯れたイタドリにとまって餌を捕ることもある。木の幹に巣穴を掘り、そのなかで繁殖している。冬鳥として、アカゲラより小さいコアカゲラが飛来することがある。

ヒメコウテンシ
Asian Short-toed Lark

草地　14cm　5月

赤岩展望台の道路脇

路肩の草地や芝生などで、ほぼ毎年5月初旬ごろに見られる。ヒバリより小さく、全体的に色が淡く見える。冠羽がなく、特に目立った特徴がない。足をかがめて体を低くし、小さな虫や種子などを食べる。繁殖地では、ヒバリのようにさえずり飛翔を行う。

ヒバリ
Eurasian Skylark

草地　17cm　3〜11月

弁天地区の道路脇

夏鳥として渡来し、天売島で繁殖している。芝生や学校の校庭などで見られる。まだ雪が残るころ、「ビュル、ビュル」と鳴きながら飛ぶ姿を見て、この鳥が渡ってきたことを知る。後頭の短い冠羽には黒い縦斑があり、立てると目立つ。

キタツメナガセキレイ
Western Yellow Wagtail

荒れ地・草地　16.5cm　4〜5月・10月

前浜漁港

開けた草地や水たまりのある広場などで見る。眉斑が黄色いキマユツメナガセキレイ、眉斑が白いマミジロツメナガセキレイも観察され、これらはツメナガセキレイの亜種とされる。似ているキセキレイは足が黄褐色なのに対し、本種は黒色なので区別できる。

キセキレイ
Grey Wagtail

水場・草地　20cm　4〜5月・9〜11月

FP ヒタキ橋

沼地、沢、雨上がり後の水たまりなどの水場を好み、森のなかの閉ざされた場所でも見られる。足が黄褐色で、オスの喉は黒い（写真）。ツメナガセキレイより尾の長さが目立ち、鳴き声はより金属的に聞こえる。長い尾を休みなく振る。

ホオジロハクセキレイ
White Wagtail

草地・荒れ地・浜辺　21cm　3〜11月

パークゴルフ場

ハクセキレイは森のなかを除く多くの場所で観察できるが、亜種ホオジロハクセキレイ（写真）は稀。また、夏羽でも背が明るい灰色で喉の黒色がくちばしまでつながる亜種タイワンハクセキレイは、5月ごろに比較的よく見られる。

ビンズイ
Olive-backed Pipit

草地・荒れ地・雑木林
15.5cm　4〜5月・9〜10月

芝生や荒れ地などの地上で虫などを探す姿が見られる。飛び立って枝にとまったときには、尾をリズミカルに上下させる。複雑で美しいさえずりには、「ツィ、ツィ、ツィ」という声が入る。白い眉斑に続く目の後方には白斑があり、背などの上面は緑色味を帯びるが、稀に見られるヨーロッパビンズイでは白斑、緑色味がない。

相影地区

ムネアカタヒバリ
Red-throated Pipit

草地・荒れ地
15cm　4〜5月・10月

パークゴルフ場

路肩や芝生などの草地でときどき見られる。春に見られる夏羽では赤味が強い。写真のように全身が赤っぽいタイプと、胸からの上半身の赤味が特に強いタイプがいる。冬羽では赤味はなくなりタヒバリに似るが、頬の部分だけは赤色が残る。

タヒバリ
Buff-bellied Pipit

草地・荒れ地
16cm　4〜5月・10〜11月

愛鳥公園の路肩

春と秋の渡りの時期には普通に見られ、湿った場所を好む。夏羽では、脇や腹部がうっすら赤味を帯びるが、ムネアカタヒバリほど強くない。写真は冬羽で、下面は白っぽい。ムネアカタヒバリが「チィー」と鳴くのに対し、本種は「チッチッ」と鳴く。

天売島の野鳥

47

サンショウクイ
Ashy Minivet

[森・雑木林] [20cm] [5月]

ノゴマ館

神社、寺など身近な広葉樹の森で、ちょうど葉が開きはじめたころに見ることが多い。目線の高さぐらいの小枝にとまり、餌を求めながら小刻みに飛んで移動する。写真はメスで、オスは頭の灰色部が黒い。尾が長くスマートに見える。

キレンジャク
Bohemian Waxwing

[森・雑木林] [19.5cm] [2・5・10〜12月]

餌となる木の実のある場所で見ることが多く、「チリチリチリ」という細い鳴き声で存在に気づくことも多い。1〜数羽の群れで観察される。ヒレンジャクとよく似ているが、尾羽の先が黄色いことで区別できる。

天売小中学校

ヒレンジャク
Japanese Waxwing

[森・雑木林] [17.5cm] [5・10〜12月]

厳島神社

キレンジャクと習性や声はほぼ同じだが、いっしょにいることは稀。ヒレンジャクのほうが体がやや小さい。尾羽の先が赤く、腹部は黄色味を帯びる。数十羽というような大きな群れでは渡来せず、単独で見ることも多い。

コマドリ
Japanese Robin

(森) (14cm) (4〜5月)

4月末から5月初めの早朝、針葉樹の暗い森で、「ヒン、カラカラカラ……」という張りのあるさえずりを聞く。ノゴマ館周辺にはそうした環境が多く、声を聞きながらフットパスでじっと待つと、その姿を見ることができる。

FP コマドリ橋

コルリ
Siberian Blue Robin

(森・雑木林) (14cm) (4〜5月)

薮の多い森で、「チッ、チッ、チッ、ヒン、チュルルル……」などのさえずりを聞く。コマドリの声に似るが、「チッ、チッ、チッ」という前奏が入る。地上を歩くときは胸を張っているように見え、すらりとした長い足が目立つ。

FP コルリコース

ノゴマ
Siberian Rubythroat

(全域) (15.5cm) (4〜10月)

開けた海岸の草原から森のなかまで、全域でさえずりが聞かれる。さえずりは声量のある複雑な美声で、草のてっぺんや枝先で鳴くので目立つ。さえずらないメスは目にすることが少なく、オスのように喉は赤くない。稀に記録されるシマゴマは、喉から脇にかけてウロコ模様。

千鳥が浦

天売島の野鳥

ルリビタキ
Red-flanked Bluetail

森・雑木林　14cm　4〜5月・10〜11月

春と秋には普通で、人家周辺の雑木林でも見られる。枝にじっととまってはパッと飛び立ち、地面に降りて餌をついばんで次の枝に移る行動をくり返す。目線より低い枝によくとまる。写真はオス成鳥で、若鳥とメスは背がオリーブ褐色。

FP沢渡りコース

ジョウビタキ
Daurian Redstart

荒れ地・林縁　14cm　3〜5月

雪がとけたばかりの時期から渡来がはじまる。オスは胸から腹部にかけての橙色が美しく、背などの上面の黒色なども色彩がはっきりしている。メスは、それらの色が全体的に薄い褐色でぼんやりした感じ。尾を細かく震わせる。

相影地区

ノビタキ
Siberian Stonechat

原野・荒れ地　13cm　4〜5月・9〜10月

春と秋に開けた原野で普通に見られ、枯れた草の先端などにとまって、餌を探しながら移動をくり返す。たいてい数羽の群れで見られ、春は、顔や上面の黒いオスと、それよりやや薄い色のメスが混じることが多い。

観音岬

イソヒヨドリ
Blue Rock Thrush

[海辺] [25.5cm] [4〜8月]

赤岩

主に海岸や磯で見られ、繁殖する夏鳥。岩の上などで太い複雑な声で、長めにさえずる。ヒナを育てる時期には、紺色と朱色が美しいオスと、体全体が黒褐色のメスが、毛虫などの餌をくわえて運ぶ姿を、海に近い場所で頻繁に目にする。

ヒメイソヒヨ
White-throated Rock Thrush

[森・雑木林] [18.5cm] [5月]

墓地

森や雑木林の林縁などで稀に観察される美しい鳥。地上に降りて餌を捕ったり、枝に飛び移ってとまる姿が観察される。色や形はイソヒヨドリに似るが、ひと回りほど小さく、頭の青色や胸から腹部にかけての橙色が明るく鮮やか。

マミジロ
Siberian Thrush

[森・雑木林] [23.5cm] [5月]

ノゴマ館

薮がある薄暗い森の地上で、餌を捕る姿が見られるが、姿をはっきり見る前に飛び立ってしまう。飛ぶと雌雄とも翼の下面に白と黒の帯が出る。オスは全身黒色で、名前の通りに眉斑が白く明瞭。メスはオスより羽色が淡く、胸から腹に斑点がある。

天売島の野鳥

クロツグミ
Japanese Thrush

森・雑木林　21.5cm　4〜8月

FP アオジ三差路

夏鳥として渡来し、4月末には朝夕に森の高い枝で、「キヨコ、キヨコ、キョコキョコ、キヨエコ」などとよくさえずる。しかし、ソングポイントが林縁でないことが多く、声が近いほど周囲の枝が邪魔をして発見しにくい。地上で餌を捕るときに姿を見やすい。

アカハラ
Brown-headed Thrush

森・雑木林　23.5cm　4〜5月・9月

FP クロツグミコース

春と秋に見られ、群れで渡来することもある。春は「キョロン、キョロン、チリリ」とさえずりを響かせる。よく似たカラアカハラもときどき見られ、上面や胸は灰色味が強く、くちばし全体が黄色で、橙色部がアカハラより脇寄りにせまい。

シロハラ
Pale Thrush

森・雑木林　24cm　4〜6月・9〜10月

春と秋に群れでやってくる。薄暗い森や小枝が入り組んだ地上にいることが多く、その姿をはっきり見せることは少ない。飛び立ったとき、尾羽先端の両脇に白い部分が確認できれば本種だ。「キョッキョッキョッキョッ、チィー」などと鳴く。地上で餌を探すとき、落ち葉をくちばしではね飛ばしてミミズなどを捕らえる。秋には木の実も食べる。

黒崎海岸の沢

マミチャジナイ
Eyebrowed Thrush

森・雑木林　21.5cm　5・10月

春と秋に通過し、薄暗い薮のなかに降りて餌を捕るが、ときどき畑のような開けた場所にも出てくる。似ているアカハラとは異なり明瞭な眉斑があり、オスではくちばしの基部が白く(写真)、メスでは喉の部分が広く白い。

厳島神社

天売島の野鳥

天売島の野鳥

ハチジョウツグミ
Naumann's Thrush

雑木林・荒れ地・草地・畑
24cm　9〜6月

春の渡りでは、多いときには島中がツグミだらけになる。3月から4月前半に渡来する第1陣はハチジョウツグミ（ツグミの亜種）で、その後、胸などの斑が黒いツグミが入る。秋にはハチジョウツグミを観察したことがない。

相影地区

ウグイス
Japanese Bush Warbler

森・雑木林　14〜15.5cm　4〜11月

夏鳥として渡来し、繁殖する。海鳥繁殖地側の原野を除き、ほとんどの場所で声が聞かれる。「ホーホカケキョ」と鳴く個体が多くいる。オスのほうがひと回り大きく、さえずるのはこちらのほうだ。

内陸部の森

コヨシキリ
Black-browed Reed Warbler

原野　13.5cm　5〜8月

黒崎海岸

5月末当たりからさえずり声が聞かれはじめ、この鳥の到着を知る。黒崎海岸、海鳥観察舎の駐車場付近、観音岬入り口、天売灯台へ通じる道路周辺などヨシの生えた原野で繁殖する。

キマユムシクイ
Yellow-browed Warbler

森・雑木林　10.5cm　5月

ほぼ毎年観察される。せわしなく動く小さなムシクイ類を見かけたら、本種とカラフトムシクイを疑おう。2本の翼帯をまず確かめ、頭央線がないこと、腰が黄色くないことを確認すれば本種とみればいい。

FP コルリコース

カラフトムシクイ
Pallas's Leaf Warbler

森・雑木林　10cm　5月

毎年、普通に見られる。キマユムシクイに似るが、腰が明確に黄色いので区別できる。また、本種にはうっすらと頭央線がある。ヤナギやサクラの木にいることが多い。好みの小さな虫がたくさんいるためだと思われる。

FP コルリコース

センダイムシクイ
Eastern Crowned Warbler

森　12.5cm　5月

葉が開きはじめた広葉樹の森で見られる。ほんのり黄色味のある眉斑が目立ち、頭央線がうっすら入り、はっきりしない翼帯が1本ある。「チヨチヨビー」と聞こえるさえずりを聞けば、本種に間違いない。

FP クロツグミコース

天売島の野鳥

マミジロキビタキ
Yellow-rumped Flycatcher

(森・雑木林) (13cm) (5月)

FP ヒタキ橋

ほぼ毎年見られるが、渡来数には波がある。写真はオスで、キビタキ（オス）に似るが眉斑が白い。多数が渡ってきた年は、黒崎海岸から赤岩展望台にかけての道路脇の低木や、ガードロープなどにもとまる姿が見られた。

キビタキ
Narcissus Flycatcher

(森・雑木林) (13.5cm) (4〜8月)

FP ヒタキ橋

渡り鳥として通過する他、繁殖のために残る個体がいる。焼尻島では、夏期に林内でさえずる。渡りの個体は、比較的低い場所にとまって小さな虫を探し、見つけると宙を舞ってフライングキャッチをしたり、地面に降りてつついて食べるをくり返す。

ムギマキ
Mugimaki Flycatcher

森・雑木林 | 13cm | 5〜6月

厳島神社

キビタキより少しだけ遅く渡ってくる。森のなかだけでなく、人家に近い小さな森でも観察できる。風の強い日は、木に囲まれた風の当たらない沢など、飛んでいる虫を捕りやすい場所を探すと良い。写真はオス成鳥。

オジロビタキ
Red-breasted Flycatcher

森・雑木林 | 11.5cm | 4〜5月

厳島神社

ほぼ毎年観察できる。木のある場所でよく見るが、風のない日には、赤岩展望台周辺の枯れたイタドリにとまり、フライングキャッチをする姿を見る。外側尾羽の基部が白く、よく上げ下げする。写真は喉が橙色のオス。

オオルリ
Blue-and-white Flycatcher

森・雑木林 | 16.5cm | 4〜5月

FP クロツグミコース

森のなかのフットパス、神社や寺の森、花畑や庭木のある場所などで見られる。見晴らしのいい枝などを移りながら、虫などの餌を探しては捕らえる。オス成鳥（写真）では頭から背にかけての上面が紺色で、額はコバルトブルーの輝きを放つ個体もいる。

天売島の野鳥

サメビタキ
Dark-sided Flycatcher

森・雑木林 13.5cm 5〜6月・10月

たいてい高い枝にとまり、宙を舞う虫を食べるためにフライングキャッチをくり返す。胸から脇の褐色部はコサメビタキより濃くて広く、エゾビタキのような縦線であったとしても、明瞭でなくぼやけている。エゾビタキと混じることがある。

FPヒタキ橋

エゾビタキ
Grey-streaked Flycatcher

森・雑木林 14.5cm 5〜6月・9〜10月

海龍寺

春の渡りの時期は、樹木がある場所ならどこにでも現れ、低い人工物にも平気でとまる。胸から脇の広い範囲に褐色の明瞭な縦縞が入り、くちばしの基部につながる。サメビタキよりひと回り大きいが、単独ではなかなかわからない。

コサメビタキ
Asian Brown Flycatcher

森・雑木林 13cm 5〜6月・10月

サメビタキより低い場所にいることが多く、フライングキャッチをくり返す。春はサメビタキ、エゾビタキより少し早く渡来する。胸から腹は白っぽいか、わずかにうっすらと褐色。目の回りと目先の白色が、くちばしまでつながる個体がいる。

FPヒタキ橋

ヒガラ
Coal Tit

森 | 11cm | 2〜6月・8〜10月

FP トラフコース

春と秋に多数で渡来することが多く、枝についた小さな虫を食べながら移動する。時には地上の雑草にもとまる。2〜3月にはさえずりを聞くことがあるが、繁殖は確認されていない。たいてい群れで動き、キクイタダキが混じって行動していることもある。

シジュウカラ
Eastern Great Tit

森・雑木林 | 14.5cm | 1〜12月

留鳥。主に樹木のある環境で見るが、笹薮や枯れたイタドリの群生地などでも観察される。樹木の洞のなかに巣をつくる。よく似たヒガラの腹部が白灰色なのに対し、胸から腹にかけてネクタイのような黒い縦線があり、それが尻に近い部分で幅が広がればオス、変わらなければメスだ。

海龍寺

メジロ
Japanese White-eye

森・雑木林　11.5cm　4〜5月・9月

FP ムシクイ三差路

5月に見られることが多く、10羽ほどの群れで行動していることが多い。早い時期はヤナギの花、サクラが開花するとその蜜を求めて移動する。脇が薄い紫褐色の個体と、まったく白い個体の両方を見る。「チーチーチー」と鳴きながら飛んで移動する。

チョウセンメジロ
Chestnut-flanked White-eye

森・雑木林　10.5cm　5月

海龍寺

メジロと習性は変わらず、メジロよりやや遅れて渡来することが多い。群れで行動し、メジロとともに行動することが多い。脇ははっきりした赤褐色で、くちばしはメジロのように黒くはなく飴色。メジロよりやや小さく、一緒にいるときに見比べるとよい。

シラガホオジロ
Pine Bunting

荒れ地・草地　17cm　5・10月

天売港

春に渡来する個体は夏羽なので、特にオスは美しい。地上で餌を捕っていることが多く、驚いて飛び立つと近くの枝や草の茎にとまる。ホオジロ類のなかでは最大で、オス夏羽（写真）では頭上が白いことが識別の決め手となる。

コホオアカ
Little Bunting

荒れ地・草地　12.5cm　5月

前浜漁港

芝生や地面が露出した荒れ地などで、数羽で見られることが多い。カシラダカに混じることもある。ホオジロ類のなかでは最小で、オス夏羽（写真）では目先から頬の赤栗色、黒い頭側線などの顔が特徴的で、識別のポイントとなる。

キマユホオジロ
Yellow-browed Bunting

[荒れ地・林縁・草地] [15.5cm] [5月]

芝生や軒下などの地面で餌をついばんでいる。路肩やフットパスで多数が見られた年もあった。驚いて飛び立つと、付近の木の枝など低い場所にとまる。黒い頭側線と過眼線にはさまれた眉斑が黄色いことが、識別の決め手だ。

海の宇宙館

カシラダカ
Rustic Bunting

[荒れ地・林縁・草地] [15cm] [4～6月・10～11月]

FP キジバトコース

春と秋の常連で、内陸部の未舗装路や神社、寺の敷地内の地上で、種子をついばむ姿が観察される。春は夏羽が渡来し、オス（写真）は冠羽のある頭部や頬が真っ黒になる。また、胸の色と同じ赤褐色が、腰でも目立つ。

ミヤマホオジロ
Elegant Bunting

[荒れ地・林縁] [15.5cm] [3～5月・9～11月]

ホオジロ類の春の渡りにおいて渡来が早く、雪がとけたばかりの地上で餌を探す姿をよく見る。頭上の黒褐色の冠羽と、オス（写真）の過眼線と喉の黄色が目立つ。メスは、オスの顔や胸の色彩を薄く地味にした感じ。

相影地区

アオジ
Black-faced Bunting

[全域] [16cm] [4〜10月]

夏鳥として多数が渡来し、繁殖する。内陸の森から海岸まで、さまざまな環境で見られる。木の頂上付近でさえずるのはオス（写真）で、頭から顔全体が緑灰色。「チョンチョンツーピピチューチー」など、ゆっくりしたテンポで美声を響かせる。

FP キジバトコース

クロジ
Grey Bunting

[森・雑木林・薮] [17cm] [4〜5月]

薮のなかに潜んでいることが多く、姿をはっきり見ることは少ないが、人家周辺の小さな森でもよく見かける。オスは全身黒っぽく、肌色っぽいくちばしと足が目立つ。写真はオス若鳥で、背や翼に暗い模様が入る。

FP キジバトコース

ツメナガホオジロ
Lapland Bunting

[草地] [15.5cm] [3月・9〜11月]

あまり深くない草地や未舗装路に降りて、歩きながら草の種子を食べる。秋の渡りの第1陣は9月末に決まって複数が渡来し、冬羽（写真）を何日も続けて観察することができる。春に夏羽が渡来することもあるが、数は少ない。

観音岬の路肩

アトリ
Brambling

荒れ地・林縁　16cm　4〜5月・9〜12月

地上で種子などを探していることが多く、驚くと近くの枝にとまる。飛び立つと、腰の白い部分が目立つ。たいていオスとメスが混じった群れで行動する。春には、黒いずきんをかぶったようなオス夏羽（写真）が多数見られる。メスの頭部は灰褐色で容易に区別できる。上空を群れで飛ぶとき、「キョンキョンキョンキョン」と鳴き合う。

愛鳥公園

カワラヒワ
Oriental Greenfinch

全域　14.5cm　3〜10月

FP キジバトコース

夏鳥として多数渡来し、繁殖する。森や原野など、島のいたるところで見られる。「チュンチュン」とくり返し鳴きながら小群で飛び回り、「キリリコロロ、チョンチョンチョンジューイ」とさえずる。その他にも多様な鳴き方をする。

マヒワ
Eurasian Siskin

雑木林・荒れ地・草地
12.5cm
4〜6月・9〜11月

地上に降りて種子などをついばんだり、5月にはアキタブキのふきのとうの種子を一心不乱についばむ姿を見る。オスは腹部などの黄色味が強く、頭頂が黒い（写真）のでメスと区別できる。また、緑色味があったり黄色の濃淡があるなどの個体差が見られる。「チュイーン」などと鳴く。

赤岩展望台の原野

天売島の野鳥

ベニヒワ
Common Redpoll

荒れ地・草地・畑　13.5cm　3〜5月・10〜12月

前浜地区の道路脇

春は、起こしていない畑、芝生の地面や草が伸びきらない荒れ地など、開けた地上で種子をついばむ様子が観察され、単独で見ることは少ない。オスとされる胸が紅色の個体は、メス（写真）に比べて見る機会が少ない。「ジュエーン、ジュイーン」と鳴く。

アカマシコ
Common Rosefinch

原野・荒れ地　14cm　5月

FP浜辺コース

よく観察されるのは海に面したイタドリ群生地などで、群れるカワラヒワに混じるので要注意だ。写真はメスで赤い部分がなく、頭から背にかけての上面は暗灰褐色。くちばしの形からアトリ科と判断できる。オスは頭や胸がすっぽり赤く、眉斑や斑はない。

オオマシコ
Pallas's Rosefinch

森・林縁・草地　17.5cm　4〜5月

道路脇の草地や、森のなかのフットパスなどの地上で餌を捕る。ベニマシコに似るが、本種のほうが尾が短く、ずんぐりして大きく見える。また、ベニマシコのように翼帯がはっきりしない。オス（写真上）は桃紅色なのに対し、メス（写真下）は全体的に赤味が薄く、頭全体や、胸から腹にかけて黒い縦斑が見られる。

愛鳥公園

弁天地区の道路脇

イスカ
Common Crossbill

森・荒れ地 16.5cm 5〜6月・10〜11月

相影地区の庭

針葉樹やカラマツの松かさにとまり、交差するくちばしを使って種子を取り出して食べる。ハンノキの種子も食べる。群れで見ることが多く、オス（写真）ははっきりとした赤味を帯びるが、メスは黄緑色と地味だ。体全体のなかで頭が大きく見える。

ベニマシコ
Long-tailed Rosefinch

原野・荒れ地 15cm 4〜11月

観音岬

夏鳥として渡来し、繁殖する。草の生えた開けた場所で草の種子などを食べる。草や木の上方で「フィッフィ」と口笛のような声で鳴く。さえずりは複雑で、短かい美声を奏でる。明瞭な白い翼帯が2本あり、紅色のオス（写真）に対しメスは淡黄褐色。

ウソ
Eurasian Bullfinch

森・雑木林・草地 / 15.5cm / 4〜6月・10〜12月

FP ノゴマコース

春と秋に必ず渡来し、多数を見る年もある。森のなかやフットパス沿いの草地や林縁で、たいてい群れで見る。「フィー、ヒー」という口笛のような声で存在に気づく。群れで飛ぶときも鳴き合う。オス（写真）の喉が広く赤い亜種アカウソも多い。

コイカル
Chinese Grosbeak

雑木林 / 18.5cm / 5月

人家の背後などに多いヤチダモの樹上で見ることが多く、そのときは枝の新芽をついばんでいる。桃黄色の大きなくちばしが特徴で、繁殖期は写真のようにその基部が青黒色になる。写真はオスで、頭は黒い。メスは頭部や背、胸から腹部が灰褐色。よく似たイカルより、特にオスは赤茶味が強く見える。

天売小中学校

イカル
Japanese Grosbeak

森・雑木林　23cm　4〜5月

厳島神社

神社や寺周辺の雑木林、内陸部の森などで見られ、地上に降りて餌を探す姿も見る。雌雄同色。頭上は光沢のある黒色なので、黄色くて丈夫そうな大きなくちばしが特に目立つ。コイカルより大きく、灰色味が強い。

シメ
Hawfinch

雑木林・畑　18cm　1〜6月・9〜10月

相影地区の畑

畑や隣接する荒れ地、庭木の下など身近な地上でよく見られる。警戒心が強く、近づくとすぐに飛び立って離れた木の枝にとまる。尾が短くずんぐりしている。イカルと同じくちばしの形をしていて、オス夏羽（写真）では鉛色。深い波形に飛ぶ。

ギンムクドリ
Red-billed Starling

草地・荒れ地 / 24cm / 4〜5月

パークゴルフ場

開けた草地などに降りて、虫をついばんでる姿が確認されている。ムクドリと同じくらいの大きさ。くちばしは、特にオスに赤味があり、足と同色。オス（写真）では首より下の体半分が青味のある灰色に見えるが、メスは灰褐色だ。

シベリアムクドリ
Daurian Starling

草地・荒れ地 / 16.5cm / 5月

和浦地区の雑木林

地上で虫などの餌を捕り、ときどき枝にとまる。ムクドリより小さく、コムクドリと同じくらいの大きさ。くちばしは黒く、足はやや青味を帯びるが黒く見える。後頭に黒色斑があり、上尾筒は淡橙褐色。オス（写真）の羽には緑や紫色の光沢がある。

コムクドリ
Chestnut-cheeked Starling

森・雑木林・原野 / 19cm / 5〜9月

相影地区の原野

夏鳥として5月に渡ってきて、アカゲラが木に空けた穴や洞などで繁殖し、9月ごろ去る。渡去前には巣立った若鳥が数十羽の群れをつくり、主に夕方になると群飛をくり返す。写真はオスで、メスは頬の赤茶色や翼帯などがなく、あっさりして見える。

ホシムクドリ
Common Starling

畑・荒れ地 / 21cm / 3〜4月

相影地区の道路脇

道路脇の荒れ地や起こす前の畑など、開けた環境で見られる。ムクドリの群れに数羽が混じることが多く、ムクドリよりやや小さい。全身が緑や紫色の光沢のある黒色で、白点が星のように入る。くちばしは夏羽（写真）では黄色く、冬羽では黒い。

天売島の野鳥

ニシコクマルガラス
Western Jackdaw

〔港〕〔33cm〕〔4〜5月〕

天売港

1985年4月末から5月中旬にかけて、1羽が天売港などで見られた。目の光彩は銀色。仕事をする漁師の人気者になるほど人なつこく、漁具の回りなどを歩き回りながら、「キョーン、キューン、キャーン」などと鳴いたという。単独で行動していた。

コクマルガラス
Daurian Jackdaw

〔畑・荒れ地〕〔33cm〕〔3〜4月〕

パークゴルフ場

ミヤマガラスに混じって見られることが多く、ミヤマガラスより明確に小さい。地上で餌を捕る。写真の淡色型は白色部があってわかりやすいが、全身が黒い暗色型や中間型は、目の後ろ側の後首が灰色味がかり、中間型ではよりはっきりする。

ミヤマガラス
Rook

畑・荒れ地・林縁　47cm　3〜5月

観音岬の原野

雪解け直後の人家周辺の地上で餌を捕る姿を見ることが多く、たいてい10羽以上の群れで行動する。電線や樹上にとまっていることもある。ハシボソガラスよりやや小さい。成鳥は、くちばしの根元の皮膚が露出して白っぽく、額が出っ張っている。

ハシボソガラス
Carrion Crow

畑・荒れ地・林縁　50cm　1〜12月

弁天地区の畑

荒れ地や畑、雑木林などで見られる。繁殖する留鳥。ハシブトガラスより数は少なく、体がやや小さい。ハシブトガラスはネズミや小鳥、海鳥のヒナなどを襲って食べたりするが、ハシボソガラスは狩りには積極的ではない。雑食性で何でも食べる。

天売島の野鳥

天売島の花

キバナノアマナ
Gagea lutea

草地 15〜20cm 4〜5月

まだ緑がほとんどない時期に、日当たりのいい道路脇や、少し前まで雪の下敷きだった枯れ野などで、まっ先に花を咲かせる。それから少し遅れて、森のなかの道端や明るい林床などでも花が見られる。1本の茎に数個の花をつける。葉は1枚。

黒崎海岸

エゾエンゴサク
Corydalis ambigua

草地 15〜20cm 4〜5月

明るい森のなかや、草地などで見られる。キバナノアマナにやや遅れて咲きはじめるが、花期は重なる。大きな群生地では花のいい香りが漂う。焼尻島のイチイ原生林内に大群生地があり、5月初旬が見ごろで、一面が紫色のじゅうたんとなる。

FP クロツグミコース

ナニワズ
Daphne jezoensis

森 15〜50cm 4〜5月

落葉広葉樹の下で見られる。開花の時期には樹木はまだ葉を広げていないので、膝丈ほどの背の低い木本だが、黄色い花と緑の葉はよけいに目を引く。つぼみは前年の秋につけていて、早春の開花のために備える。花の香りがとても良い。

滝の沢

ミズバショウ
Lysichiton camtschatcense

沢 40～80cm 4～5月

沢など水気のある場所で見られる。群生している沢では、4月末から5月初めにかけ、水の流れとともに美しい景観をつくる。ミズナラなどの樹木も多く、山深い場所にいるようだ。ほとんどの沢は、ニホンザリガニの生息場所になっている。

FPアトリ橋

ヒトリシズカ
Chloranthus japonicus

雑木林・沢 15～20cm 5月

樹木が生えた沢の斜面などに、"ひとり"ではなくまとまって花を咲かせる。花弁はない。花言葉は「隠された美」で、ひかえめな白い雄しべを4枚の艶やかな葉が隠しているように見える。静御前（しずかごぜん）が舞った美しさからついた名前。

愛鳥公園の沢

エゾイチゲ
Anemone soyensis

森 8～20cm 5月

ひとつの茎の先に一輪の花を咲かせるのでイチゲと名づけられた。花びらに見えるのはガク片で、花弁ではない。焼尻島のイチイ原生林内にはあちこちに群生している場所があり、エゾエンゴサクの花とともに楽しむことができる。

焼尻島イチイ原生林

天売島の花

※静御前：平安末期から鎌倉初期に生きた数々の言い伝えがある美貌豊かな女性。

天売島の花

ニリンソウ
Anemone flaccida

草地・雑木林　15〜25cm　5月

明るい落葉広葉樹の下などで見られ、湿り気のある場所を好む。茎の先で枝分かれして、たいてい花を2つつけるので二輪（ニリン）の名がついたが、一輪や三輪のこともある。3枚の葉が茎の同じ場所から放射状に輪生し、葉には柄がない。

滝の沢

チシマエンレイソウ
Trillium kamtschaticum

草地・沢　20〜40cm　5月

原野や明るい林、沢筋で見られる。白い花弁はガク片より明らかに長い。3枚の花弁の中央にある雌しべの子房は焦茶色で、その回りにひげのような雄しべが6本ある。オオバナノエンレイソウの変種とされるが、本種のほうがはるかに多い。

滝の沢

オオバナノエンレイソウ
Anemone Trillium camschatcense

草地・沢　20〜40cm　5月

チシマエンレイソウに混じって見られることが多い。子房の先端部だけが焦茶色で、その下は薄いクリーム色である以外はチシマエンレイソウと同じ。数は少ないが沢筋などにも見られ、花言葉は「奥ゆかしい心、奥ゆかしい美しさ」。

滝の沢

輪生：葉や花などが1か所に何枚も輪状につくこと。

天売島の花

クサソテツ
Matteuccia struthiopteris

荒れ地・沢 / 60〜80cm / 5月

FP ヒタキ橋

明るい沢の斜面や、湿り気のある荒れ地などで見られるシダ植物。葉の先端が丸まった若芽のときに山菜として採取され、コゴミという名で知られる。おひたし、ゴマ和え、天ぷらなどで食され、シダ植物のなかでは例外的にアクがない。

クルマバソウ
Asperula odorata

森 / 25〜40cm / 5〜6月

焼尻島ミズナラ原生林

森のなかの道沿いや木陰などに群生して見られる。車葉（クルマバ）の名の通り、6〜10枚の葉が茎の1か所から放射状に、数段になって輪生する。茎は枝分かれしない。白い花は4つに裂けて花弁が4枚あるように見え、筒の部分が長い。

オオタチツボスミレ
Viola kusanoana

森 / 20〜40cm / 5〜6月

FP クロツグミコース

森のなかの道沿いや沢筋でもっともよく見られるスミレで、群生することが多い。花弁の基部は白く、紫色の筋があり、花は必ず茎の途中の葉の付け根から伸びた柄の先で咲き、根元から花柄が出ることはない。花言葉は「誠実・愛」。

花柄（かへい）：茎から分枝し、花の基部につながっている部分。花のみをつける茎。

天売島の花

ホウチャクソウ
Disporum sessile

森 / 30〜60cm / 5〜6月

FP コルリコース

森のなかの道沿いや林縁などで見られる。茎は上部のほうで枝分かれする。花は枝先に1〜3個が垂れ下がるように咲く。寺院や五重塔の軒に下がる宝鐸（ほうちゃく）に花の形が似ていることから、この名がついた。

オオアマドコロ
Polygonatum odoratum

FP コルリコース

森 / 60〜100cm / 5〜6月

森のなかの道沿いや林縁などで見られる。茎は弓形に湾曲しながら上へと伸びて、花は葉の付け根から1〜4個ずつ垂れ下がる。地下茎が苦いトコロという植物に似ているものの、甘いことからアマドコロとなった。

クロユリ
Fritillaria camtschatcensis

相影地区の草地

森・草地 / 10〜50cm / 5〜6月

日当たりのいい草地や、森のなかの明るい場所などで見られる。天売島の森のなかの開けた一角に大群落があるが、少しずつ生息環境が変化している。葉は3〜5枚で、クルマバソウのように茎から放射状に数段にわたって輪生する。

アオチドリ
Coeloglossum viride

草地 | 15～40cm | 6月

観音岬

観音岬周辺の草地や道路脇などに多数見られる。葉は先がとがった長楕円形で光沢があり、互い違いにつく。下の葉ほど大きく、上のものほど細く先がとがる。花は緑色で、鳥が飛んでいるような形から千鳥（チドリ）の名がついた。

ハクサンチドリ
Dactylorhiza aristata

草地 | 10～40cm | 6月

観音岬

観音岬周辺および天売灯台周辺の草地、付近の道路脇などにも多数見られる。群生している場所もある。紫色の花を総状に咲かせ、花の色の濃さはまちまちだ。葉は3～6枚で、最下部のものは茎を巻く。名前は石川県白山に多いことに由来。

ノビネチドリ
Gymnadenia camtschatica

草地 | 20～60cm | 6月

観音岬の道路脇

観音岬周辺の草地や道路脇で多数見られる。ハクサンチドリに比べて大きく、一般的に花は桃色系。葉は4～7枚が交互につき、上のほうにつくものは先が細くとがり、その下は丸みがあって縁は波状。名前は根が横によく伸びることに由来。

天売島の花

総状：茎の上のほうに枝分かれして花が多数つき、円柱状または円錐状にまとまっている様子。

ハイキンポウゲ
Ranunculus repens

(草地) (20〜50cm) (6月)

赤岩展望台

天売港周辺の路肩や赤岩展望台周辺の道路脇で見られ、群生している。葉は、1本の柄が3つに分岐した先につき、葉には切れ込みがある。茎がまわりに這うようにして伸びることから、"這金鳳花（はいきんぽうげ）"と名づけられた。

センダイハギ
Thermopsis lupinoides

(原野) (40〜80cm) (6月)

観音岬

観音岬やその周辺の原野で見られ、黄色いふっくらした蝶の形をした花が美しい。群生している場所も少なくない。マメ科の植物で、花のあとに長さ10cmほどのさやの実をつける。

オドリコソウ
Lamium album

(草地) (30〜50cm) (6月)

観音岬

海鳥観察舎や観音岬に通じる通路脇や、森のなかの道端などで見られる。花は白または淡紅色を帯びた白色で、躍動感ある形をしており、葉の上で輪になってつながっているように見える。これをやぐらの上で踊る娘に見立ててこの名がついた。

チシマフウロ
Geranium erianthum

草地 | 20〜40cm | 6〜7月

海辺の丘や断崖沿いの外周道路に面した草地、観音岬などで見られる。紫色の美しい花を茎の先に次々と咲かせるので、花の時期は長い。葉には深い切れ込みがある。"風露（ふうろ）"と書くだけあり、朝露にしっとり濡れた姿が美しい。

観音岬

エゾニワトコ
Sambucus racemosa

原野・雑木林 | 30〜60cm | 6〜7月

人家周辺から海鳥繁殖地周辺にいたる原野、雑木林でもっともよく見られる低木。ウトウ繁殖地内にも多数生息する。薄いクリーム色の花を咲かせたあと、8月ごろには赤い小さな実を数多くつけ、小鳥が好んで食べて実を運ぶ。

千鳥が浦

エゾカンゾウ
Hemerocallis dumortieri

原野 | 40〜80cm | 6〜7月

ゼンテイカ、エゾゼンテイカの別名がある。海岸近くの原野で群生して咲く。花は茎の先に数個がつき、朝早く開花して夕方には閉じる。この花にノゴマなどの小鳥がとまると絵になるが、そうした場面はそう簡単には訪れない。

千鳥が浦

天売島の花

エゾスカシユリ
Lilium maculatum

（原野）（20〜90cm）（6〜7月）

海岸の原野や外周道路に面した草地で見られる。まっすぐ伸びた茎の先に1〜5個の花をつけ、上に向かってパッと6枚の花弁が開く。花弁と花弁の間にすき間があることが名前の由来だ。花言葉は「あなたは私をだますことができない」。

千鳥が浦

オオハナウド
Heracleum lanatum

（原野）（20〜90cm）（6〜7月）

原野や道路脇などで見られる。花の集まりのひとつひとつが傘状となり、傘の縁に当たるもっとも外側の花が大きい。同じセリ科の植物のうち、エゾニュウは壮大で、球形の花の様子がまるで打ち上げ花火。他にも数種類の似た仲間が生息する。

千鳥が浦

オオウバユリ
Cardiocrinum cordatum

（原野・森）（1.5〜2m）（7月）

森のなかの日陰などで見られ、春には艶のある緑色の丸みを帯びた葉が目立つ。花が咲く夏には茎の最下部にある葉が枯れはじめることから、歯が抜け落ちた姥（うば）に見立てられた。緑色味を帯びた白っぽい横向きの花を10〜20個もつける。

FP トラフコース

クサフジ
Vicia cracca

原野 80〜150cm 7月

日当たりのいい道路脇などで見られるツル性の植物。紫色の花は長い柄に多数がまとまってつき、花の色には多少の濃淡が見られる。葉は細長い卵形で、18〜24枚が柄の両側につく。フジの花に似ていることがその名の由来だ。

相影地区の道路脇

キタノコギリソウ
Achillea alpina

原野 40〜80cm 7〜8月

海岸の草地に多く、道路脇などでもよく見かける。花は白色だが、淡い紅色を帯びることがある。葉の縁に鋸（のこぎり）の歯のような細かい切れ込みがあり、茎のなかほどにつく葉の基部に、1〜2対の小さな葉がつく。

千鳥が浦

ヤナギラン
Chamerion angustifolium

原野 1〜1.5m 7〜8月

海岸沿いの道路脇や、開けた原野を通るフットパスなどで見られる。枝分かれしない茎の先端に咲く赤紫の花は、下から上に咲き上がる。葉は細長く、ヤナギの葉に似ていることからその名がついたが、ランの仲間ではない。花言葉は「集中する」。

千鳥が浦

天売島の花

種名索引 野鳥

種　名	ページ数
アオサギ	27
アオジ	63
アカアシカツオドリ	18
アカエリヒレアシシギ	40
アカガシラサギ	32
アカゲラ	44
アカハラ	52
アカマシコ	27・66
アトリ	14・64
アマサギ	33
アマツバメ	18・19・44
アメリカコハクチョウ	21
アリスイ	44
イカル	69
イスカ	67
イソヒヨドリ	17・51
ウグイス	54
ウソ	68
ウトウ	3・8~9・14~16・18~21・26
ウミアイサ	21・34
ウミウ	3・10・17~18・21・26
ウミガラス	4・5・26
ウミスズメ	3・6~7・20~21
ウミネコ	3・12~13・17・19
エゾビタキ	27・58
オオジシギ	19・26・39
オオセグロカモメ	3・12~15・17
オオハム	20~21・31
オオマシコ	66
オオメダイチドリ	20
オオルリ	19・57
オジロビタキ	27・57
オジロワシ	35
カシラダカ	14・19・62
カナダヅル	27
カラフトムシクイ	55
カワラヒワ	16~17・64
キアシシギ	38
キクイタダキ	27
キセキレイ	46
キタツメナガセキレイ	46
キビタキ	19・56
キマユホオジロ	62
キマユムシクイ	55
キレンジャク	48
ギンムクドリ	70

種　名	ページ数
クサシギ	27・38
クロジ	63
クロツグミ	52
クロハラアジサシ	21
ケイマフリ	3・6~7・14・16~17
コイカル	68
ゴイサギ	32
コウテンシ	27
コガモ	20・21
コクマルガラス	72
コサメビタキ	58
コホオアカ	61
コマドリ	49
コムクドリ	71
コヨシキリ	17・19・54
コルリ	49
サメビタキ	58
サンショウクイ	48
シジュウカラ	59
シノリガモ	20~21・34
シベリアムクドリ	70
シマアジ	20
シマセンニュウ	16~17
シメ	69
ジョウビタキ	50
シラガホオジロ	61
シロエリオオハム	20~21・31
シロハラ	53
シロフクロウ	41
セイタカシギ	21・40
センダイムシクイ	55
ダイサギ	27・33
タカブシギ	38
タゲリ	36
タシギ	39
タヒバリ	47
チゴモズ	17
チュウサギ	27・33
チョウゲンボウ	36
チョウセンメジロ	60
ツバメチドリ	26
ツグミ	17・19・54
ツメナガセキレイ	46
ツメナガホオジロ	19・63
トウネン	37
トラフズク	26・41

種 名	ページ数
ナベヅル	26・37
ニシイワツバメ	42
ニシコクマルガラス	72
ニュウナイスズメ	21
ノゴマ	15~16・18~19・49
ノビタキ	50
ハクセキレイ	46
ハシジロアビ	20
ハシビロガモ	21
ハシボソガラス	73
ハチジョウツグミ	54
ハマヒバリ	21
ハヤブサ	35
ヒガラ	59
ヒドリガモ	21
ヒバリ	45
ヒバリシギ	37
ヒマラヤアナツバメ	20・42
ヒメイソヒヨ	51
ヒメウ	3・11・21・26
ヒメコウテンシ	45
ヒレンジャク	48
ビンズイ	47
ブッポウソウ	26・42
ベニヒワ	65
ベニマシコ	17・19・67
ヘラサギ	27
ホオアカ	27
ホオジロハクセキレイ	46
ホシムクドリ	71
マヒワ	15・65
マミジロ	51
マミジロキビタキ	56
マミジロタヒバリ	17
マミチャジナイ	53
ミヤマガラス	73
ミヤマホオジロ	62
ムギマキ	57
ムナグロ	36
ムネアカタヒバリ	47
メジロ	60
ヤツガシラ	26・43
ヤマシギ	39
ヤマショウビン	43
ルリビタキ	50
ワシカモメ	27

種名索引 花

種 名	ページ数
アオチドリ	79
エゾイチゲ	75
エゾエンゴサク	2・74
エゾカワラナデシコ	19
エゾカンゾウ	81
エゾスカシユリ	82
エゾニュウ	17
エゾニワトコ	81
オオアマドコロ	78
オオウバユリ	82
オオタチツボスミレ	77
オオハナウド	82
オオバナノエンレイソウ	76
オドリコソウ	80
キタノコギリソウ	83
キバナノアマナ	74
キンミズヒキ	17
クサソテツ	77
クサフジ	83
クルマバソウ	77
クロユリ	23・78
センダイハギ	80
タチギボウシ	17
チシマエンレイソウ	3・76
チシマフウロ	81
ツリガネニンジン	17
トウゲブキ	19
ナニワズ	74
ニリンソウ	76
ノビネチドリ	79
ハイキンポウゲ	80
ハクサンチドリ	79
ヒトリシズカ	75
ホウチャクソウ	78
ミズバショウ	75
ミヤマアキノキリンソウ	18
ヤナギラン	83
ヤマハハコ	18

より快適に、そして安全に自然を満喫するために！

天売島・焼尻島の お役立ちガイド

気候

　2つの島にバードウォッチャーの姿が見られはじめるのは4月ごろだ。ヤツガシラ（p.43）やハチジョウツグミ（p.54）など、この時期に出会う確率の高い野鳥や、人の少ない環境を求めて訪れるようだ。4月の平均気温は5℃と低い。5月になっても10℃弱なので、真冬並みの防寒対策が必要だ。風が強い日も少なくなく、体感温度はかなり低く感じられる。もっとも暖かい8月でも平均気温は20℃で、6〜7月でも肌寒い日がある。

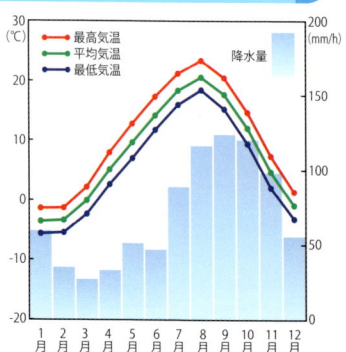

ベストシーズン5月の服装

　保温性の高い下着を身につけ、その上に温かいフリースやズボンをはき、さらに風や小雨を遮断できるジャケットやパンツを重ねれば大丈夫だ。手袋や帽子、温かい防水靴と靴下も必要で、携帯カイロなども用意するといい。温和な日もあるので、暑いときには1枚脱げるようにする。

渡り鳥などの情報展示「海の宇宙館」

　海の宇宙館では、野鳥や花の情報展示をしている。また、天売島をはじめとする自然や動物たちの写真展示もある。喫茶やグッズコーナーもあり、休憩の場として利用されている。

島の味覚

　海に囲まれた島なので、海産物が売りだ。カレイ類やマダラなどの魚のほか、甘エビ（南蛮エビ）の水揚げは天売島沖が日本一だ。6月からは絶品のウニが採れ、生はもちろん、ウニ汁やウニラーメンなど、ちょっと贅沢な食べ方もある。宿泊施設や食堂などで味わえる。

お土産

　冬の磯で採った岩海苔やふのりなどの海草を乾燥させて売っている。味噌汁やそば、うどんに少し入れるだけで、磯の風味が香る。天売港売店で求めるといい。また、焼尻港の売店では、岩海苔でつくった海苔が売られている。それで包んだおにぎりは、風味と濃厚な味がたまらない。天売島オリジナルの海鳥や渡り鳥のグッズ、Tシャツは海の宇宙館でどうぞ。

島の自然を知るためのおすすめ本

　ケイマフリなどの海鳥や花と断崖の風景を収録した写真集や、島の自然とそこに生きる人々をテーマにしたフォトエッセイ『天を売る島』がある。天売島からアラスカベーリング海につながる野生生物の躍動を収録した『寒流に生きる生命』は、比類なき写真集として好評だ。

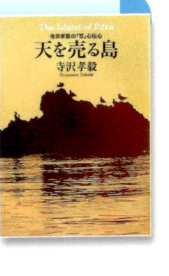

危険な生き物

■**マムシ**：天売島には毒蛇のマムシが生息する。草むらに踏み込むときは注意が必要で、特に多いのは黒崎海岸から赤岩展望台まで。誤って踏むなどしなければ襲ってくることはなく、見かけたらそっとやり過ごそう。もし噛まれたときは、消防へ連絡するなどして診療所へ急ごう。なお、ほかにヘビの仲間はいない。
■**スズメバチ**：暖かくなると、巣の近くを活発に飛び回る。出会ったら相手を刺激しないようにそっと離れよう。
■**ケムシ**：年によってイタドリの葉などにケムシが大発生することがある。皮膚がただれたり発疹が出たりすることがあるので、近づかないこと。

87

天売島へのアクセス

札幌から羽幌までは「特急はぼろ号」で

　札幌からは沿岸バスが運行する「特急はぼろ号」(全席予約)が便利だ。JR札幌駅直結の札幌駅前バスターミナルから羽幌まで、約3時間で結んでいる。途中、高速道路の両側に広がる田園風景や、青々とした日本海を眺めていたら3時間はあっという間だ。羽幌本社ターミナルで下車したら、フェリー埠頭まで約1キロ。荷物が多いなら、そこで待つタクシーで向かおう。乗り合いなら断然お得になる。

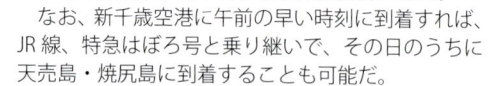

　なお、新千歳空港に午前の早い時刻に到着すれば、JR線、特急はぼろ号と乗り継いで、その日のうちに天売島・焼尻島に到着することも可能だ。

お役立ち機関の電話連絡先

交通	沿岸バス㈱	0164-62-1550
	札幌駅前バスターミナル	011-232-3366
	羽幌沿海フェリー㈱	0164-62-1774
	天売フェリーターミナル	01648-3-5211
	焼尻フェリーターミナル	01648-2-3111
観光情報	羽幌町観光協会	0164-62-6666
天売島	羽幌町役場天売支所	01648-3-5131
	北留萌消防組合　天売分遣所	01648-3-5114
	道立天売診療所	01648-3-5030
焼尻島	羽幌町役場焼尻支所	01648-2-3131
	北留萌消防組合焼尻分遣所	01448-2-3590
	道立焼尻診療所	01648-2-3225

天売島関係のホームページ

- 天売島　天売島の宿泊、イベント、自然情報など
  → http://www.teuri.jp

- 羽幌町観光協会　天売島・焼尻島・羽幌の観光情報など
  → http://www.haboro.tv

- 沿岸バス　特急はぼろ号の運行ダイヤなど
  → http://www.engan-bus.co.jp

- 羽幌沿海フェリー　フェリーの運行ダイヤなど
  → http://www.haboro-enkai.com